应对气候变化全民行动指南

呵护地球:
低碳环保从我做起
(社区篇)

蒋 瑜　朱童童
农凤龙　陈朝述　编

毛 让　绘

图书在版编目（CIP）数据

呵护地球：低碳环保从我做起. 社区篇 / 蒋瑜等编. -- 北京：气象出版社，2017.10（2019.5 重印）
（应对气候变化全民行动指南）
ISBN 978-7-5029-6669-0

Ⅰ.①呵… Ⅱ.①蒋… Ⅲ.①节能—指南 ②环境保护—指南 Ⅳ.① TK01-62 ② X-62

中国版本图书馆 CIP 数据核字（2017）第 261429 号

出版发行：气象出版社
地　　址：北京市海淀区中关村南大街 46 号　　邮　　编：100081
电　　话：010-68407112（总编室）　010-68408042（发行部）
网　　址：http://www.qxcbs.com　　E-mail：qxcbs@cma.gov.cn
责任编辑：张盼娟　　　　　　　　　　　终　　审：张斌
责任校对：王丽梅　　　　　　　　　　　责任技编：赵相宁
封面设计：楠竹文化
印　　装：中国电影出版社印刷厂
开　　本：889mm×1194mm　1/32　　　印　　张：1.5
字　　数：39 千字
版　　次：2017 年 10 月第 1 版　　　　印　　次：2019 年 5 月第 2 次印刷
定　　价：9.00 元

本书如存在文字不清、漏印以及缺页、倒页、脱页等，请与本社发行部联系调换。

每一天人都需要呼吸空气、饮水、消耗资源。人存在于这个社会就必然有存在的价值，除了赚钱养活自己、养活家人，我们能为自己、为家人、为社会在生活点滴中做些什么呢？考虑下另一种生活方式，一种利于自己、利于家人、利于这个社会每一个人的生活方式。

前言

目 录

前言

01 Chapter One
认识低碳　　　　　　1—7

1.1　高碳时代　　　2
1.2　低碳含义　　　5
1.3　低碳生活　　　5
1.4　低碳误区　　　7

02 Chapter Two
低碳居住　　　　　　8—14

2.1　概述　　　　　　9
2.2　低碳建筑　　　　10
2.3　低碳电器　　　　10
2.4　低碳居住宝典　　11

03 Chapter Three
低碳饮食　　　　　　15—21

3.1　概述　　　　　　16
3.2　低碳饮食宝典　　16
3.3　低碳餐饮　　　　20

Chapter Four
04 低碳着装　　　　　　　22—30

- 4.1　概述　　　　　　　23
- 4.2　选衣低碳　　　　　24
- 4.3　穿衣低碳　　　　　27
- 4.4　洗衣低碳　　　　　28
- 4.5　旧衣低碳　　　　　29

Chapter Five
05 低碳出行　　　　　　　31—34

- 5.1　概述　　　　　　　32
- 5.2　低碳出行宝典　　　33

Chapter Six
06 低碳消费　　　　　　　35—38

- 6.1　概述　　　　　　　36
- 6.2　消费主体　　　　　37
- 6.3　一二行为　　　　　37

Chapter Seven
07 低碳城市　　　　　　　39—42

- 7.1　概述　　　　　　　40
- 7.2　建设低碳城市　　　40

COMMUNITY

01

认识
低碳

1.1 高碳时代

在 2011 年之前我们不熟悉"雾霾"这个词,糟糕的空气质量没有受到人们的特别关注,都觉得那只是城市空气不太好而已。那时我们还没有意识到生活的环境已经危害到我们的身体健康。随着科技进步、时代发展,"$PM_{2.5}$"这个词汇在 2011 年姗姗来到我们身边,被大众所熟知。人们更加关注空气质量、生活环境、身体健康,认识到空气质量关乎生活在地球上的每一个人,认识到我们的生活方式无声改变着我们的地球环境。

第一问:我们到底生活在一个什么样的环境中?

高碳环境时代。高碳环境,顾名思义,就是一个碳排放比较高的生活环境。

第二次工业革命后,煤炭、石油、天然气的广泛开采使用,使地底下的碳元素转移到空气。举个例子,现今全球拥有汽车的人口数量已经超过了十亿,众所周知,汽车尾气就是一种大气污染物,含有固体悬浮微粒、一氧化碳、二氧化碳、碳氢化合物等大量含碳化合物。原来存在于地表下的碳元素因人类活动进入大气中,汽车尾气成为一个巨大的碳排放源头。

在过去的几十年中,经济迅猛发展的同时,不可避免地也带来了副作用。随着煤炭、石油、天然气的大量使用,全球碳排放量成倍增长。现在人们的生产和生活方式,就是一种消耗煤炭、石油、天然气等化石能源的高碳生活,是高排放、高消费、高支出、高浪费、低能效、低减碳、低清洁、低回收的生活方式。房子越大越好,汽车排量越大越好,衣服越多越好,生活方式有向高碳化发展的趋势。

第二问:高碳排放意味着什么呢?

随着全球人口的增加、全世界工业的发展、不控制的生活方式以及人类追求高速增长或膨胀的国民生产总值(GDP)的行为,二氧化碳排放量越来越大,持续的高碳排放意味着全球气候变暖,海平面上升,改变降水分配,自然灾害、极端天气气候事件增多,物种加速灭绝,形成雾霾增多,人体健康受影响等。以上这些危害并不是危言耸听,已经逐渐出现在我们生活当中,全球气候变暖仍在持续,已经威胁到我们的生存安全,生命安全。

第三问:高碳排放是不是和我们普通大众没有关系,只是关乎工业?

不。工业生产的最终目的是提高人们的生活水平。高碳生活促进了高碳农业、高碳工业。这种高碳经济其实是用消耗巨大的化石能源来创造人们所希望的物质财富条件。家庭生活的电气化,从手动、半自动,到全自动,从低功率到高功率,从懒人洗碗机到自动吸尘器,生活中充满高碳的气息,就连跑步都在家里的跑步机上就可以实现。科技进步带来了极大的便利,同时也造成了极大的碳浪费。这种生活方式促进人与自然的不平衡、不协调,人类社会的不可持续。

所以说,高碳生活要不得。

第四问:身为普通人的我们能做什么?

联合国环境规划署执行主任施泰纳曾说过:不要忽视民众,普通民众在碳减排过程中拥有改变世界、改变未来的力量。

将碳排放量降下来,高碳转低碳。摒弃高碳生活,追求低碳生活,我们需要低碳时代。低碳不仅仅针对某个、某几个对象或群体,而是对每一位生活在地球上的我们。每一个人都有一份低碳生活的责任,尽量在自己力所能及的情况下做到低碳。

1.2 低碳含义

低碳是针对以化石能源消耗的生产生活方式和消费经营模式提出来的,指在生产生活以及社会发展中,排放出比较低或者更低的温室气体(主要为CO_2),旨在降低全球的碳排放、污染、耗能为基础的生产生活模式,减少温室气体或有害气体的排放。

简而言之,低碳就是减少碳排放量、提高化石能源利用率的可持续发展。

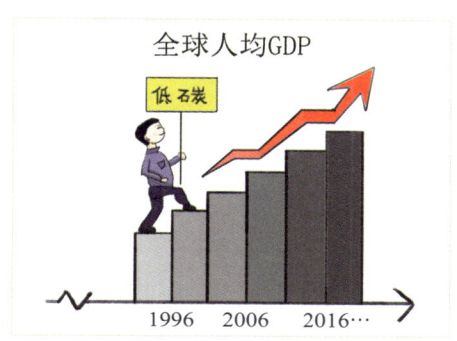

1.3 低碳生活

低碳生活,就是在生产生活中要想办法减少能量的消耗,通俗来说,首要任务就是减少二氧化碳的生成量。具体来说,低碳生活包括低碳居住、低碳饮食、低碳着装、低碳出行、低碳消费、低碳城市。

"低碳生活"并不是一个新名词,人们因全球变暖、环境日益恶化

等问题对未来产生的担忧，使我们不得不改善目前正在慢慢变差的生活环境，开始"低碳生活"。

"不积小流，无以成江海"，生存的地球环境和我们每一个人息息相关，低碳生活是一种可持续的绿色生活方式，是一种着眼于未来的生活方式。当你作为这个社会中的一员开始低碳生活时，你就是"低碳一族"了。低碳是一种潜移默化的习惯，是一种自主地想要节约能源的状态。意味着我们需要调整自己的生活习惯，从身边的每一件小事考虑。比如购买本地的易消耗食品，在一定程度上能够减少因长途运输货物带来的额外能源消耗和碳排放；多爬楼梯，少乘电梯，不仅锻炼了身体，每少坐一次电梯还可以减少碳排放。当然低碳不是刻意苛刻自己的生活，继而放弃正常的生活状态。在自己的能力范围内多考虑低碳因素，就是"低碳一族"，即成为保护环境的使者。

可以预见的是，人类对低碳的关注度和重视度越来越高，在学习、生活、工作上始终贯彻低碳理念，在舒适生活的同时做到低碳，共同建立一个美丽的、绿色的、低碳的、可持续发展的新社会。

1.4 低碳误区

在低碳生活认识上,我们必须搞清楚一些基本的问题。

(1)建设低碳生活不是不追求经济利益,建设低碳生活不是资源的不消耗,建设低碳生活不是不能排放二氧化碳。

(2)低碳事业不一定是高成本的,有时候就是你做的那一件小事,积少成多,使低碳效益前途无限。

(3)发展低碳经济,并不是淘汰所有耗能高的项目,而是发展这些项目必须符合低碳的要求,且技术领先。

(4)低碳事业不是要留给子孙后代来完成,相反应该从现在做起,为后代预留资源。

(5)发展低碳是在地球上的每个人需要做的事情,与所处国家或地区没有关系。关注低碳事业,减缓全球变暖,人人有责。

COMMUNITY

02

低碳居住

2.1 概述

低碳居住代表着在居住方面进行健康、自然、安全的生活生产方式,返璞归真地去构建人与自然和谐相处的生活方式。

建立低碳生活首先就是建立供人们居住的生活场所,其次是在这个场所中居住养成的生活习惯和方式。这里就不可避免地涉及两个方面:低碳建筑和低碳电器。借助两者营造一个低碳减排的生活环境和氛围。比如使用高效的节能灯代替传统的电灯,离开房间时切断电视和电脑的电源等微小的举动,既节约用电,减少损耗,又减少了碳排放。

2.2 低碳建筑

低碳居住首先需要考虑的是人们居住的场所问题，或者说是居住建筑的低碳化。

什么是低碳建筑？低碳建筑是指在建筑设计中贯穿低碳理念，在建筑材料和设备制造、建筑施工以及建筑物建成后使用的整个过程中，减少化石能源的消耗，有效控制和减少碳排放。低碳建筑是建筑业的一个正在壮大的发展趋势。

它的主旨是使人们在居住前和居住过程中可以较以前减少碳消耗，实现可持续发展，人与自然的和谐统一。低碳建筑的核心理念并不只是运用什么尖端技术或新时尚，应为一种生活态度，从生活需求出发，从建筑设计的角度来实现在不降低生活水准的基础上，达到碳减排的目的。

2.3 低碳电器

电器的低碳应包含两个方面：一是选择购买高效能、低能耗、低碳排放的家用电器；二是使用电器过程中的低碳化，即低碳使用。每一个家庭如能在购买和使用电器的过程中低碳化，那么实现大幅度的碳减排是没有问题的。

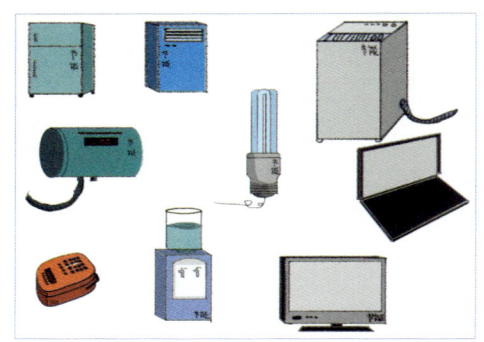

2.4 低碳居住宝典

2.4.1 低碳建筑宝典

(1)外墙节能:增加一层保温层或者增加保温材料。
(2)门窗节能:采用中空玻璃、镀膜玻璃等。
(3)屋顶节能:采用太阳能集热、屋顶花园、屋顶农场、雨水收集综合利用等。
(4)采暖节能:采用地(水)源热泵系统、地下热源引入系统、地面辐射采暖等。
(5)制冷节能:采用置换式新风系统。
(6)光电应用:采用光电屋面板、太阳能热水器、光电窗间墙、光电外墙板、光电遮阳板、光电天窗,以及光电玻璃幕墙、光伏发电系统、太阳能发电照明等,通过导光管将阳光引入室内照明。
(7)居住面积:低碳居住的面积不是越大越好。根据居住的人口和年龄,选择合适的户型为佳。因为住房面积减少的同时也会减少用水用电,这也是减少碳排放的一种方式。

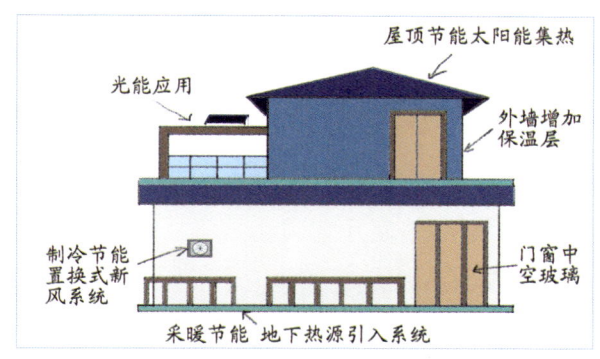

2.4.2 低碳电器宝典

（1）冰箱

购买冰箱时尽量选购节能型冰箱，一可以延长寿命，二可以节省用电费用，三可以减少碳排放。

在冰箱使用过程中，低碳行动有：

①及时除霜，减少能耗。

②减少开冰箱门的时间和次数，减少冷气外泄。

③解冻下层冷冻室的食品时，可以提前取出，放入上层冷藏室解冻。这样不仅能够降低冷藏室温度，也能减少能源消耗。

④存放食品的容积占冰箱总容积的80%较好，过多或过少均会多耗能。电冰箱里的食品不要放得太密，留下间隙有利于迅速制冷，节约电能。

⑤把大块食物按照一次食用的量分装，避免重复解冻再冷冻。

（2）空调

购买空调时尽量选购节能型空调。要买比空调预留位置稍微小一点的，让空调的背部与墙面有一定的空隙，这样更有利于节能。另外，购买空调要根据房间的面积选择合适的匹数。

空调调温与室外温度温差不要太大，即冬天不可调太高，夏天不可调太低。降低室内外温差，同时也减少患感冒等疾病的概率。

避免频繁开关空调。因为空调启动的瞬间电流大，易损耗能量。

夏天使用空调时，可以开1~2个小时后，在开窗的情况下使用电风扇，不必整夜开空调。

（3）洗衣机

购买洗衣机时尽量选购节能节水型洗衣机。

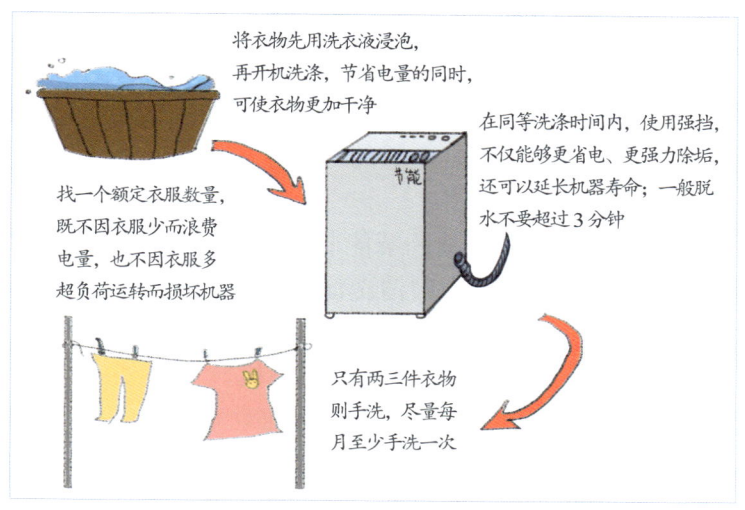

（4）热水器

购买热水器时尽量选购太阳能热水器，省电省气。安装太阳能热水器，60%~70%的生活热水需求可以得到满足。

如果需要经常使用热水，建议长时间插电，如果只是一天中的某个时间段需要用到热水，那么可以使用智能定时插座来控制电源接通，减少电量的无谓消耗。

（5）照明

采购照明灯具时尽量选用节能灯。现在一般节能灯的照明效果已经可以媲美普通灯泡，还可以节能省电。

（6）电脑

电脑调整为合适的亮度，不用太亮，暗一点既节能又护眼。

电脑是日常使用较多的产品，如果长时间不使用电脑的话，应当关闭显示器；尽量减少待机模式的时间，根据工作需要调整电脑的刷新率。当不用时，关机拔掉插头，还能延长电脑和显示器的寿命。

（7）电饭锅

煮饭前提前淘米，并在水中浸泡10分钟后再开启电饭锅，缩短米熟的时间，减少使用电量。尽量不使用预约或待机功能，因为这也是消耗电量的一种方式。

（8）饮水机

购买饮水机时尽量选购节能节水型饮水机。在饮水机闲置的时候，关掉电源。定时清洗饮水机，减少加热损耗。

（9）电视机

在不看电视时，使电视机进入关机状态而不是待机状态，长时间外出应拔下电源插头同时加防尘罩，能在一定程度上避免因灰尘过多导致耗电量大；电视要控制好背光度和亮度；一般室内调整好合适音量。

（10）手机

现在很多人都有智能手机，所以要想保证其电量，一定要关闭不必要的网络、蓝牙、通知等，频繁的消息会反复点亮手机，即便不使用手机，也会流失大量电量；尽量减少在信号不好区域的停留；如果没有需求，尽量关闭耗电量很大的功能，例如震动功能、铃声音量等；可开启"省电模式"。

（11）其他节水节电节能

所有电器在摁下遥控器处于待机模式时仍会消耗电量，所以，用完电器拔掉插头省电安全。使用双键马桶，与单键马桶相比较，可节水一半。

养成循环用水习惯。洗脸水可以用来洗脚，洗衣洗菜的生活用水可以冲厕所。

真正实现低碳居住需要普通居民普遍采用低碳生活方式，建设适合人类居住的低碳美好社会。

COMMUNITY

03

低碳
饮食

3.1 概述

食用生产过程中排放温室气体较少的产品,以减少对碳的消耗。

不要小看小小一餐饭的碳计算,地球上每天的餐饮碳排放是一笔巨大的碳消耗。我们来看看生产1千克各种农产品的温室气体排放量排序,由小到大,依次为小麦、牛乳、猪肉、乳牛肉、奶酪、牛肉等。可以看得出来,谷物类的小麦生产过程中的温室气体排放量较少,反之,肉类的排放量相对较大。

肉类食品富含蛋白质和脂肪等,谷类食品富含维生素、纤维素、不饱和脂肪酸和一些微量元素等。这两类食品对人体健康的作用是不一样的。低碳饮食不是因噎废食,不是不吃肉类,而是提倡以低碳饮食为主导的科学合理的膳食平衡。

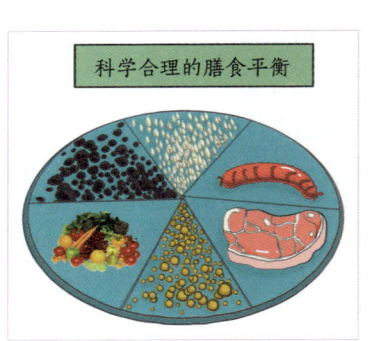

饮食低碳化,多食用谷类的食物,不仅能够预防疾病,同时还能保持健康状态。

3.2 低碳饮食宝典

3.2.1 搭建属于自己的膳食宝塔

在自然生活中营养要跟得上,就必须建立合理健康的膳食食谱,提高人体的免疫力,将疾病阻挡在发病前。

随着生活水平的提高,人们经常食用一些粗粮,如富含膳食纤维的绿豆、玉米等。它们可以促进肠道吸收，利于预防疾病。我们除了要食用膳食纤维，还要多补充蛋白质、维生素等，比如鱼、肉、蛋、奶及豆类食品，胡萝卜和油菜等。各类水果也可以增强我们的免疫系统。中餐和晚餐都需要"蛋白质 + 蔬菜"。

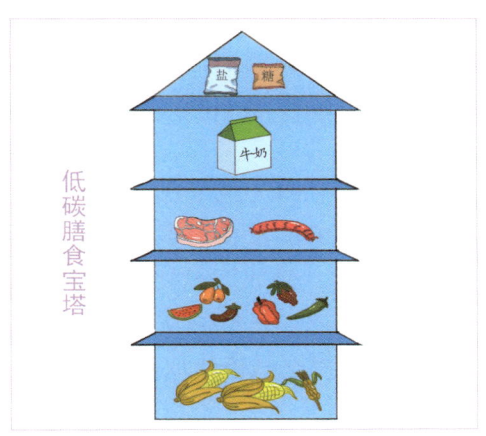

少年时期，因为长身体需要大量的营养，应多吃动物蛋白，多吃肉。中年时期，由于人体必须保持平衡，并延缓衰老，应等量摄入蛋白质与蔬菜水果，保持饮食平衡。老年时期，与少年时期正好相反，应多吃植物蛋白，少吃动物蛋白。当然，这些都是一般规律，具体情况要因人而异。

3.2.2 多吃水果

水果是广袤土地赐予我们的宝贵财富，每一种水果都有着独特的功效，例如梨子，不仅生津止渴，还能止咳、化痰、润肺；山楂富含大量的维生素C，能帮助人开胃、收敛、消食。虽然有关专家证明果皮中含有的有益物质比果肉中含有得多，但在现代，果树种植时会喷洒各种农药。若是有皮水果，即使冲洗较多，也可能会有农药残留。即使营养丰富，果皮也可能是美味的"毒药"，带皮吃不安全，建议吃前削皮。

3.2.3 少吃反季节蔬果

人们很喜欢吃一些反季节的蔬菜和水果，在大腹便便地摸着肥肚的同时，也会对身体造成一定的伤害。因为所有的动植物都有属于自己的生长周期，如果违反了大自然寒热消长的规律，就会导致食品冷热不调，在种植过程中消耗更多能源。

多购买本地的蔬果。因为蔬果在运输过程中，在外地出售比在本地出售所消耗的能量多得多。例如：用飞机进口一箱果蔬，飞行1万千米，排放二氧化碳的量为3.2吨，不符合低碳饮食的行为。所以，从低碳饮食的角度出发，不支持购买进口水果，以减少温室气体排放。

3.2.4 少吃加工类食品

目前，居住在大都市的人们生活节奏越来越快，忙得连吃饭都没有时间，通常会去超市买一些加工好的速食食品或者直接叫外卖。而这些超市食品大多是塑料包装好的，而外卖因为在路途中怕损坏，采用更多的包装，加剧白色污染，同时免费拿的筷子，也会对资源造成浪费。还有一些食品在制作的过程中耗能耗电，添加添加剂，例如腌制类食品、碳酸饮品，在工厂加工、装灌、包装、运送、销售中消耗了很多能源，又排放出许多温室气体。所以我们需要使用少油、少盐、少加工的健康烹饪方法。

3.2.5 多吃食用醋

食醋,是酒糟发酵制成的一种酸味液体调味品,也是一种食用级保健养生产品。食醋中除了含有大量的醋酸外,还含有丰富的脂肪酸、乳酸和钙、铁、甘油、盐等,有益于人体健康。在烹饪食物方面,尤其是煲汤的时候加一点醋,还能溶解食物中的钙和铁,尤其是骨头中大量的微量元素融入汤里,使其更容易被人体吸收,而且还能保持食物中的营养不被破坏流失。

醋被摄入后,在体内可消化多余的脂肪和糖类。因为食醋含有氨基酸、有机酸等营养物质,能促进脂肪转化成能量供人体消耗,还能消化和吸收糖类和蛋白质,促进新陈代谢,有益身体健康。

另外醋还能增加肠胃蠕动,有利尿通便的功效。如果每天巧妙地吃一点醋,能使肠燥者逐渐改善便秘,将身体的废物排泄出去,体重减轻,体态轻盈。再加上生活有规律,减少盐分的摄取,可降低血压、胆固醇等,预防脑淤血等疾病。

3.2.6 规律饮食、荤素兼顾

注意养成良好的饮食规律,不要饱一顿饥一顿,三餐饮食不均衡或者极端暴饮暴食都是对肠胃不良,损害健康的。

在人的成长过程中,需要各种各样的营养,而天然的食物中,能满足人体的全部营养所需的只有母乳,成长后的我们,应尽可能多地食用多样化的食物,确保身体所

需,"荤素搭配,长命百岁"。

总而言之,低碳饮食行为是一个长期的生活习惯,会随着人们生活水平的提高,被越来越多的人所接受,进而逐渐改善人们的饮食习惯,形成低碳饮食的生活方式。

3.3 低碳餐饮

3.3.1 概述

餐饮业每天都会产出大量的餐饮厨余垃圾,其中包括一些因顾客没有吃完被浪费掉的食物、一次餐具等餐厨垃圾,面对这样的局面,餐饮业不堪重负,毕竟现在的垃圾处理费用非常高,同时对环境也构成了极大的压力。

近些年来,餐饮业的厨余垃圾是低碳变革面临的首要问题,要真正达到"低碳"的标准,那就只有做到低碳餐饮。何为低碳餐饮?低碳餐饮的含义就是以餐饮从业者和消费者为主要对象,自发性地减少铺张浪费的现象,发展低碳经济。即在餐饮行业中,逐渐取代浪费铺张。通俗地说就是包括餐饮者引导消费者合理点菜,或者消费者自主量力点菜。不仅能给消费者的荷包"减负",同时降低垃圾处理费用,还能减轻环保部门的工作量。希望能通过提倡"低碳餐饮",带动整个陈旧的消费观转变:点得菜越多就越有面子。

对于餐饮业来说,追求能耗低的碳经济是一种新型经济增长方式。在

当下的原材料以及人力等物价不断上涨的形势下,在激烈的市场竞争中,节能势在必行。节能降耗不仅是企业社会责任的体现,更能降低经营成本、大幅度提高利润。低碳餐饮大势所趋,就看餐饮业能否抓住这个挑战与机遇。

3.3.2 低碳餐饮宝典

近几年来,低碳饮食在中国逐渐被人们所接纳,低碳观念也得到深化,许多人也成为低碳践行者。而在餐饮方面,需要消费者和经营者相互提醒,形成良性的消费行为。

餐饮商家可以做到:制定严格的低碳餐饮规范,引导顾客根据人数及食量点餐,饭后有剩余食物,建议客人打包带走,坚守零餐饮垃圾;采用新技术、新设备以节能减排;倡导低碳饮食菜谱,采用电子版菜单。

消费者可以做到:坚持吃多少点多少的合理饮食措施,有吃不完的,可打包带回家;和同伴一起吃饭时,建立食物配给制,将自己拿到碗里的食物尽量吃完;拒绝不良商贩的所谓"野味",家常便饭就可以填饱肚子,又相对来说可以减少碳排放。

低碳是一项事业,一种人人都可以养成的行为习惯,只需按照自己的意愿改掉浪费能源的习惯。从自身的角度出发,多在生活中的点点滴滴践行低碳,低碳生活就在你身边。

COMMUNITY

04

低碳着装

4.1 概述

低碳着装泛指一切让我们在衣物消费过程中降低碳排放的行为习惯。狭义指人们从购买、穿着、维护等过程中产生碳排放总量较少的一种着装行为。广义指人们在消费服装类产品时，一切展示出"低碳理念"的着装内涵。

主要涉及四个方面：选衣、穿衣、洗衣、旧衣处理。在衣物来源上，减少购买衣服的数量。购买衣物时选择在制衣过程中碳排放量低或者用可持续利用材料的衣物。在穿戴过程中减碳排放。

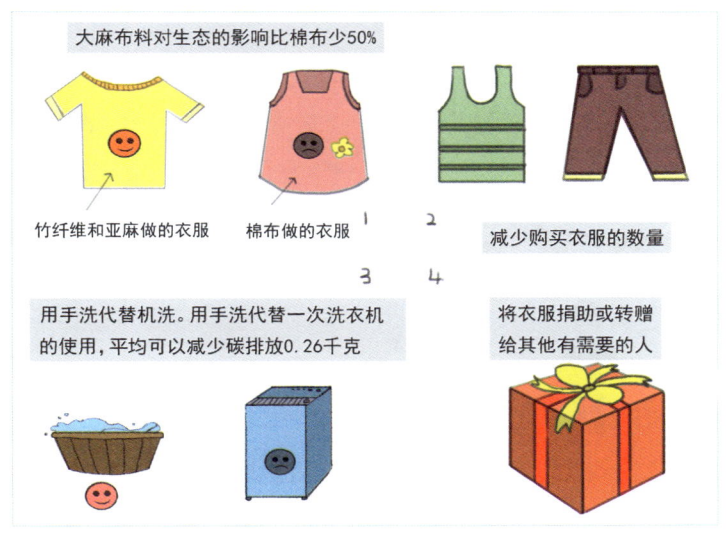

只要我们都保持降低碳排放的义务感，从这小小的一步出发，任何人就可以为保护地球做贡献。

4.2 选衣低碳

4.2.1 少买不必要的衣服

衣服并不是越多越好的。在日常生活中购买衣服应理性，可以少买不必要的衣服，那些不必要的衣服放衣柜里放着也是闲置的，多购买一件衣服反而增加了碳排放量。衣服在生产、加工、运输的过程中，要消耗能源，同时也要消耗水资源，产生一定量的废水、废气、废渣，所以在保证生活需要的前提下，尽量少买不必要的衣服。

4.2.2 多购买一些"纯天然"的衣服

所谓"纯天然"的衣服，指的是原材料为棉、麻等的天然织物。按照低碳着装的标准，在原料上只选用一些环保织物，在工艺加工方面也采用简单大方的设计风格，尽可能使用碳排放低的工艺方法，或及时购买相对性的"碳指标"来支持"碳补偿"。在销售方面,尽可能地减少硬纸板、塑料等过度包装,从而实现低碳。通过石油等原材料制成的化纤与天然织物的对比结果可以看出:天然衣物比化纤物浪费的能源以及碳排放要少得多。

4.2.3 少购买牛仔衣裤

在一条大街上走着,随手拿出智能手机拍照,你可以看到70%以上的人都穿着牛仔衣裤,虽然你可能觉得这没什么,不过是追随潮流的一种现象,确实人家穿得也挺漂亮的。但是你有没有想过牛仔衣裤是不符合低碳标准的。

美国《时代》杂志指出,在2007年,对某一名牌的牛仔裤做的一次评估,针对牛仔裤的生产、制作、销售到使用(使用过程中会用洗衣机洗,电熨斗熨等),直至"寿终正寝"。其结果是牛仔裤的一生等于3480升水,而且这么多水都是用后废水,如果换算成饮用水的话,相当于成年人每天饮用两升,共五年的饮用水都被污染不能使用。这足以见识到牛仔衣裤的污染"威力"。

要想从低碳着装开展低碳事业,请从衣橱里减少几件牛仔衣裤开始。

4.2.4 多购买环保面料的衣物

购买时选择环保的经典面料,主要样式为浅色无印花的服装。这样可以避免褶皱,同时清新亮丽,还可减少洗涤次数,防止强氧化性洗涤剂的污染。

(1)生态轮回面料。生态轮回面料即可持续再生面料,是一种低碳环保制衣新材料的总称。它的原材料可以是旧衣物、废木屑等,是可以通过一些先进的破碎技术进行粉碎处理,再合成为环保型面料,最后又像普通面料一样经过裁剪、缝制成时尚的服装。

这种材质的衣服穿旧了之后还可以回收，再次通过科技的手段制成新的环保织物。这种反复循环的方式，真实实现了"生态轮回"，故将面料称之为生态轮回面料。

这种面料在现实中还是一种新兴的概念，它的生产加工技术还不成熟，但相信随着科学技术的进步，这种制衣理念必将成为低碳着装的"领头羊"。

（2）竹纤维服装。夏季，在各大商场买T恤，导购人员都会推销竹纤维服装，并会极力告诉你：这种服装穿着舒适，不留汗渍，特别是夏天让人感觉特别凉爽。这类产品还有袜子，上面一定会写着"防汗，不臭脚"。

这类竹纤维是一种新型纤维，手感非常舒适，透气性好，没有异味，最大程度保留竹子纤维的各种优良特性，快速干燥，极其适合夏季穿着。而且天然的竹纤维不会添加任何染料和漂白剂，能减少在加工过程中产生的污染，对人类和环境都是一种友好的材料。

（3）传统制衣的原料。传统制衣的原料为亚麻、棉麻，它们都是良好的环保面料，不与化纤等原料人工进行合成，因此在消耗能源方面和低排碳量方面，都是很好的制衣原材料。

4.2.5 充分利用无纺布

无纺布由纤维（植物和化学）在抄纸机等工作台上，通过水或空气等悬浮媒介得以制成。那它为什么被称为无纺布呢？因为它有着布的特性，但没有经过纺织。

它是一种新型环保材料，在室外90天内可自然分解，在室内8年能被降解。它在燃烧时会产生无毒、无味的气体，不会污染环境，还具有延展性强、透气防水、柔韧、无毒，且价格便宜等特点。它还可循环利用，被国际公认为环保产品。

4.2.6 远离皮衣、皮草

真皮皮衣、皮草就是使用动物的皮毛加工制成的一些服装。这些动物皮毛在生产加工过程，不仅会产生大量的碳排放，而且还会产生甲醛等一系列有害物质。一般为了使其更柔软和耐水，需耗费大量的水和能源进行鞣制，而且会产生含铬等重金属元素的废料。这些废料既不能被有效地降解，还有害人的健康。

动物是人类最友善的朋友，但我们所购买的真皮大衣，都是它们付出生命代价而成的，其中一些还是快灭绝的珍稀、应被保护的动物。难道我们就不能为了生物的多样性，也为了自己，而友好地对待它们吗？

4.3 穿衣低碳

4.3.1 了解自我需求　理性选择

充分了解自己的需求，选择适合自己气质和肤色的面料和款式。不盲目跟风，尽量购买经典款式，既不过时又耐穿耐看。穿衣不仅需要美感同时要能体现自我个性。

4.3.2 应季穿衣　简约大方

因过多繁杂的设计会导致二氧化碳排放过多，所以推崇的风格以简约大方为主，提倡简约与时尚相结合。利用现有的衣服穿出多种风格，并随着季节更替，穿戴合适的应季衣

物。在颜色选择方面，视季节而定，夏季以白色、蓝色、绿色等浅色系为主，避免因吸收太多环境中的热量而使人的机体消耗大量能量导致虚弱；冬天则以黑色、红色等深色系为主，可以多吸收太阳辐射能，获得热能，降低取暖消耗，减少空调的使用。

4.4 洗衣低碳

4.4.1 减少洗涤　可手洗则手洗

伴随着社会的发展与科技的进步，各式各样的洗衣机都走进了家庭。虽然该产品给我们带来极大的便利，又帮我们节省了时间，但是假如只有少量衣物，机洗会平白无故加大对水和电的消耗，不利于低碳环保，所以能用手洗就用手洗。

4.4.2 适量使用洗衣液或洗衣粉

洗衣液或洗衣粉是日常洗衣的必需品,有利于帮助我们"斩污除垢",但使用中经常出现浪费的现象。为避免消耗更多的能源,应适量使用,以达到节能减排的目的,而且尽量使用不含氮和磷的洗涤剂,避免氮磷流入河流导致水体富营养化,污染水源。

4.5 旧衣低碳

4.5.1 旧衣改造

少购买新衣服会让二氧化碳排放更少,旧衣物在家堆成了一座小山也会让人头疼。大部分人都会将废旧衣物直接丢弃或长期存放在衣橱里,其实应多利用旧衣,延长衣物的使用时间。比如,可以时尚衣物DIY,变旧为新,使其成为一件风格独特的"新衣服";充分发挥自己的想象力,做出

"世上独一无二",仅此一件、别无分号的服装。这样衣服风格既紧跟潮流,又可以使衣物再利用,从而减少碳排放。

旧衣改造,既锻炼了你的动手能力,也是提倡环保时尚的一种趋势,节约就是时尚。

4.5.2 旧衣捐赠

青少年的个头长得很快,去年买的衣服今年就穿不上是常事,九成新的衣服就变"旧"了。这个时候,可把衣物送给有需要的人,比如贫困山区里的孩子,但一定要注意在捐赠前清洗干净。

COMMUNITY

05

低碳出行

5.1 概述

出行是居民日常生活不可或缺的重要组成部分,每一位居民都可以通过有意识有行动地选择相对环保的"低碳出行"方式,为保护我们的家园做出自己的一份努力。虽然相对于全球的大环境问题而言,个人的力量微乎其微,但积跬步以至千里。选择绿色出行方式,践行低碳生活理念。

低碳出行,是低碳生活的一种方式,主要是在出行方面,强化低碳之风。倡导走路、骑自行车等无碳排放的出行形式,或者是采用电动车、公共汽车、公共地铁等低碳出行方式,强健体格,增加出行项目,丰富生活。低碳出行有着非常丰富的意义:节约能源,减少污染,有益健康,兼顾效率,提高能效。

05 低碳出行

低碳出行是我国 21 世纪社会可持续发展中极其重要的发展低碳的战略之一。重点是呼吁市民乘坐公共交通工具或混合动力汽车，做到更加注重低碳、舒适、便捷性出行方式的选择；加强智能低碳化出行发展，尤其在物流业更要注重引进节能减排技术。

5.2 低碳出行宝典

5.2.1 低碳出行方式

在条件允许的情况下，出门前规划好出行路线。燃油汽车是碳的排放大户，尽可能地采取其他低耗能、少排碳的出行方式。

（1）假设时间和条件允许，最低碳的出行方式就是步行，即能步行不坐车。

（2）出门骑上自行车，健身环保，无尾气污染。

（3）每天上下班或上下学乘坐公共交通工具，如公共汽车或地铁。

（4）如上面三种方式不可行，那么有条件的可以驾驶节能或低碳绿色车辆或采用"拼车"等出行方式。

5.2.2　私家车辆出行

低油耗、低污染、节能，同时安全系数不断提高的小排量车是城市上班族的驾车首选之一。

驾车也需要低碳：轮胎气压适当，保持合理车速，避免冷车启动，避免突然变速，减少怠速时间，选择合理档位，定期更换机油，高速驾驶不开窗；每月少开一天车。

5.2.3　出行少用电梯

如居住在六层以下，建议上下楼时走楼梯。高楼层下楼的时候，如时间和条件允许，可走楼梯。这样既锻炼身体又减少电梯使用。

综上所述，低碳从我做起，在生活中尽量不乘坐小汽车，选择公共交通工具，更有利于开展低碳事业，为了减少现有石油等资源的过量消耗，降低因出行而产生的碳排放量，减轻对生态环境造成的压力而努力。

COMMUNITY

06

低碳消费

6.1 概述

以经济学的观点来看,消费这一行为分为生产资料和非生产资料消费两大类。我们关注"非生产资料",即人的购买欲望、心理或行为得到满足,当然也包括一些企事业单位机构、社会组织对物质资料的购买消费。

低碳消费是指在购买商品的同时,注重这个产品在制作和使用过程中,是否耗能,消耗多少化石资源,是否有污染,污染多少;在考虑商品的价位时,更要考虑是否低碳环保。但在考虑实现低碳的同时,要保证个人基本需求得到满足。消费品选择中,应按照自己的实际情况,在消费决策过程中,将低碳消费作为一个衡量的标准,在购买行为中倾向于选择低碳消费品。

低碳消费，优化和约束人们的消费和生产行为。这才有利于中国经济的发展，减少资源的约束矛盾，有利于减少污染排放，迫使高水平排放温室气体的工厂，转变为低排放工艺的工厂，同时在探索新节能工艺方面展现出巨大的推动力。限制奢侈浪费，宣传低碳消费，就是在宣传新的生活理念，营造社会关心环境保护的优良氛围，推动低碳经济，保护人类环境。低碳消费方式是一种很好的提高生活品质的消费方式。

6.2 消费主体

政府或单位起引导宣传的作用，促进低碳消费。作为低碳消费群体——单位或个人，应广泛地参与低碳消费：不铺张浪费，购买安全可靠的低碳产品，消费新能源，使用新低碳技术。

6.3 一二行为

消费的商品千千万万，在此仅列举一二：
（1）减少一次性物资使用
减少一次性竹木筷子，减少消耗林业资源；减少一次性塑料袋使用，节约煤炭化石能源，如商场或菜市购物时，自带环保购物袋。
（2）无纸办公节能环保
实现电子无纸办公，多使用电子邮件、QQ、微信等即时通讯联络工具，少用打印机和传真机，节省纸张和木材，节能环保两不误。

（3）纸张双面用

打印纸、作业本双面使用，减少消耗纸张的同时也节约林业资源。

（4）拒绝过度包装商品

在日常生活中，商品简单包装即可满足个人需求，过度包装商品既浪费资源又制造垃圾。

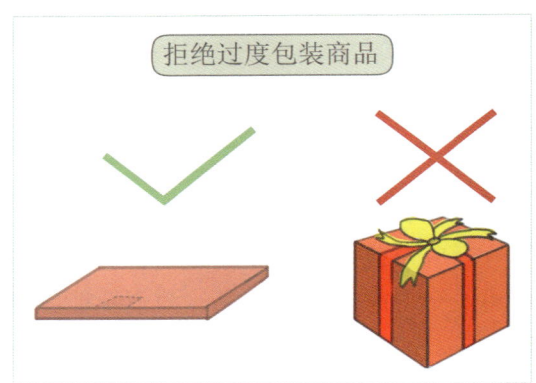

COMMUNITY

07

低碳城市

7.1 概述

"低碳城市"指以低碳理念为导向,低碳生活为行为特征,建设低碳社会为目标的城市。低碳城市做到在城市中的资源利用率高,资源浪费率低,碳排放量保持在一个较低的水平。

在全球环境受到威胁以及中国能源紧张的宏观条件下,建设"低碳城市"势在必行,为国家节能减排产生带动效应。

在全球能源危机和经济增长减缓

的背景下,"低碳城市"的建设理念渗入建设我国特色社会主义和谐社会的方方面面。在中国的城市化进程中,贯彻"低碳城市"理念,从考虑低碳建筑的新思想、新技术入手,推动低碳城市和谐发展,将低碳深入生活的每个领域中。

7.2 建设低碳城市

建设低碳城市需要每一个人的共同努力。奠定低碳生活方式是每一个城市人的生活理念。新能源代替化石能源,在城市系统运行的过程中,力行循环经济,回收循环利用是最有效提高资源利用率的措施,城市的发展方向是可持续发展。具体可以有以下措施:

7.2.1 推广低碳建筑

在中国城市化进程中,将低碳建设作为衡量一个城市的准则,积极推广低碳建筑的设计和推广,尤其是在中国二三线城市,大力建设低碳城市。

7.2.2 促进低碳经济发展

城市考虑自身区域特征,调整产业结构,促进低碳经济的发展,提倡采用高效的循环经济模式。

7.2.3 应用太阳能等清洁能源

低碳经济下能源结构转型向着高效、清洁、低碳、无碳能源的方向发展,应大力应用太阳能、核电、风电、光伏、生物质发电等清洁能源。如在一年四季都有充足阳光的城市,应大力倡导太阳能电板的综合利用,尤其是太阳能的热利用,在城市的主要干道、写字楼、公园等公共空间,采用太阳能电板收集太阳能来照明;施工方在建设低碳城市的时候,对新的住宅要统一安装太阳能热水系统,有利于社区的一体成型,减少用户再施工的精力。另外,在对亮度要求不高的公共场所,也可采用太阳能 LED 设备。

7.2.4 回收再利用废弃物

回收再利用废弃物，利用新技术、新方法、新管理措施再回收循环利用废弃物。生活垃圾分类收集，工厂加以利用，能利用的直接利用，不能利用的减量化、无害化处理。

7.2.5 广泛建设绿色屋顶

随着人口数量的逐渐上升和人均土地资源的减少，城市的植被覆盖率陆续降低。大力发展低碳社区，开发楼顶的空间，建成植被覆盖的"绿衣"，有利于减少空气中的碳浓度。将多个社区楼房的屋顶，建设蓄水池与绿植结合起来的屋顶花园，不仅可以在上面蓄积雨水，还可以让雨水作为植物水分需求的补给来源，有利于形成楼顶蒸发小环境。在多雨的地区，还可以把多余的雨水存储起来，用于社区绿地浇灌以及社区水池喷泉等设施，既环保又节能，可缓解城市热岛效应。这些都是改善城市水资源的应对措施。